1903.
XLVI.

SITZUNGSBERICHTE

DER

KÖNIGLICH PREUSSISCHEN

AKADEMIE DER WISSENSCHAFTEN.

Sitzung der physikalisch-mathematischen Classe vom 11. November.

Über Ozonisirung durch stille elektrische Entladungen in dem SIEMENS'schen Ozonapparat.

Von ARTHUR W. GRAY,
Whiting Fellow in Physics of the University of California.

Sonderabdruck.

Verlag der Königlichen Akademie der Wissenschaften.
In Commission bei Georg Reimer.

(Preis ℳ 0.50)

Über Ozonisirung durch stille elektrische Entladungen in dem SIEMENS'schen Ozonapparat.

Von ARTHUR W. GRAY,
Whiting Fellow in Physics of the University of California.

(Vorgelegt von Hrn. WARBURG.)

§ 1. Der SIEMENS'sche Ozonapparat ist ein zusammengesetzter Condensator und besteht in seiner gewöhnlichen Form aus einem engeren Glasrohr, welches in ein weiteres conachsiales eingeschmolzen ist; während das zu ozonisirende Gas durch den ringförmigen Raum zwischen den Glasröhren hindurchgeleitet wird, legt man an die Belegungen, das sind die leitend gemachten äusseren Oberflächen der Glasröhren, Potentialdifferenzen von wechselnder Richtung an. Sind diese Potentialdifferenzen hoch genug, um Leitungsströme in dem Gase zu verursachen, so tritt theilweise Ozonisirung des Sauerstoffes ein.

Da nun die Ozonisirung nur von diesen Leitungsströmen herrührt, so sind gesetzmässige Beziehungen zwischen der Ozonisirung und diesen Leitungsströmen zu erwarten, welche von den Ladungsströmen wohl zu unterscheiden sind. Um solche Beziehungen zu finden, war es nöthig, 1. die Elektricitätsmenge in Coulomb, welche als Leitungsstrom durch das Gas hindurchgeschickt wird, 2. die dadurch gebildete Ozonmenge zu messen.

Diese Aufgabe kann nicht gelöst werden, wenn man den Apparat, wie üblich, mit dem Inductorium betreibt, wohl aber, wenn man vermittelst einer Leidener Batterie die Belegungen zu einer grossen Potentialdifferenz direct lädt und alsdann entlädt. Das Glas kann hier als vollkommener Isolator betrachtet werden. Bringt man, während die äussere Belegung a zur Erde abgeleitet ist, die innere Belegung i vom Potentiale 0 auf das Potential V, so würde der Condensator, wenn das Gas nicht leitete, die Ladung $C_o V$ annehmen, wo C_o die wahre dielektrische Capacität des Condensators bedeutet. Da aber ein Leitungsstrom im Gase hinzutritt, durch welchen die inneren Glasflächen geladen werden, so nimmt der Condensator eine grössere Ladung $C_v V$ an. Bei der Entladung entsteht ein rückwärts gerichteter Leitungsstrom im Gase; wird die Ladung und Entladung dauernd wiederholt, so fliesst bei der Entladung die Elektricitätsmenge $C_v V$ wieder ab.

Wie an einem anderen Orte zu begründen, ist die ganze in einem Ladungs- oder Entladungsleitungsstrom bewegte Elektricitätsmenge

$$Q_2 = \frac{10^{-11} K_2 l}{18 \log. \text{nat.} \frac{r_2}{r_1}} \cdot \frac{C_v - C_0}{C_0} \cdot V \text{ Coulomb,}$$

wo K_2 die Dielektricitätsconstante des Gases, l die Länge des Condensators, r_2 und r_1 bez. die Radien der äusseren und inneren das Gas begrenzenden Glasflächen bedeuten und der Condensator als ein unendlich langer Cylindercondensator angesehen ist. Wenn C_0 und C_v auf galvanometrischem Wege gemessen werden, so ist hiermit also Q_2 bestimmt.

§ 2. Als Elektricitätsquelle diente eine durch einen Elektromotor betriebene Voss'sche Maschine, deren einer Pol A zur Erde abgeleitet, deren anderer Pol B mit einer Leidener Batterie und einem Braun-schen Elektrometer verbunden wurde. Das Potential von B wurde durch einen Spitzennebenschluss zwischen A und B regulirt. Zum Betriebe des Generators musste

1. während die äussere Belegung a desselben zur Erde abgeleitet war, seine innere Belegung i abwechselnd mit B und mit der Erde verbunden werden. Doch sollten

2. von Zeit zu Zeit die Ladungs- und Entladungsströme gemessen werden, wozu es nothwendig war, während einer Ladung bez. während einer Entladung die äussere Belegung, anstatt direct, über das Galvanometer zur Erde abzuleiten. Ich construirte nun eine durch einen Elektromotor betriebene Wippe, welche im Allgemeinen die Bedingungen (1) herstellte. Doch waren an der Wippe zwei Hebel h_1 und h_2 angebracht; durch Niederdrücken von h_1 wurden für eine Ladung, durch Niederdrücken von h_2 für eine Entladung die Bedingungen (2) automatisch hergestellt, während die Wippe in ununterbrochenem Tempo weiterlief.

§ 3. Für den benutzten Siemens'schen Generator war $l = 8^{\text{cm}}.3$, $r_0 = 0^{\text{cm}}.76$, $r_1 = 0^{\text{cm}}.84$, $r_2 = 0^{\text{cm}}.92$, $r_3 = 1^{\text{cm}}.00$, wo l die Länge der Belegungen und r_0, r_1, r_2, r_3 die Radien der vier cylindrischen Glasoberflächen, von innen nach aussen gerechnet, bedeuten.

Die folgende Tabelle zeigt den Verlauf der beobachteten Capacität C, als der Generator von trockener Luft durchflossen wurde.

Tabelle I.

V (Volt)	$C \cdot 10^{10}$ (Farad.)	V (Volt)	$C \cdot 10^{10}$ (Farad.)	V (Volt)	$C \cdot 10^{10}$ (Farad.)
2390	0.418	6160	0.417	9200	1.22
3070	0.415	6710	0.431	9800	1.32
3660	0.415	7380	{0.449	10400	1.38
4250	0.417		{1.19	11000	1.40
4850	0.418	8000	1.20	11700	1.42
5500	0.416	8600	1.19	12200	1.43

Die wahre Capacität beträgt im Mittel $0.417 \cdot 10^{-10}$ Farad. Ungefähr bei $V = 7000$ Volt erleidet C eine sprungweise Vergrösserung, indem der Leitungsstrom eintritt. In der Nähe dieses Potentials sind die Ergebnisse unregelmässig, indem manchmal Leitung eintritt, manchmal nicht. Im ersten Falle wird das Gas bei der Ladung und bei der Entladung leuchtend, was man sieht, wenn man die Elektroden durchsichtig, z. B. aus Schwefelsäure, bildet. Etwas oberhalb dieses kritischen Potentialwerthes werden die Ergebnisse wieder regelmässig; auch erhält man dieselben Werthe von C_v bei Ladung und Entladung; die scheinbare Capacität wächst langsam mit wachsendem Potentiale V. Dieselben Ergebnisse wurden erhalten, wenn anstatt trockener Luft trockener Sauerstoff sich im Apparat befand.

§ 4. Zu den definitiven Messungen wurde käuflicher Bombensauerstoff benutzt, welcher ungefähr 93 Volumprocente Sauerstoff enthält. Das Gas wurde durch Schwefelsäure getrocknet, durch eine Baumwollenvorlage von Staub befreit und gelangt nach Austritt aus dem Generator zu einem mit concentrirter Schwefelsäure gedichteten Dreiwegehahn, durch welchen es bei der Stellung (1) direct, bei der Stellung (2) über einen Absorptionsapparat in's Freie strömt. Dieser bestand aus fünf hinter einander geschalteten Gefässen, welche im Ganzen ungefähr 40^{ccm} $^1/_{50}$ normaler Natriumarsenitlösung enthielten.

Die Zahl der benutzten Stromstösse — indem Ladung oder Entladung als je ein Stromstoss gerechnet wird — wurde durch ein besonderes Zählwerk gemessen.

Um eine Bestimmung zu machen, setzt man Elektrisirmaschine und Wippe in Gang, giebt dem Dreiwegehahn die Stellung (1) und leitet den Gasstrom ein. Man bringt das Potential der Leidener Batterie durch den Spitzennebenschluss auf den gewünschten Werth (§ 2), beschickt das Absorptionsgefäss mit einer gewogenen Menge des Absorptionsmittels und stellt das Zählwerk auf Null. Nachdem man sich durch einige Galvanometerausschläge (§ 2) überzeugt hat, dass der elektrische Apparat gleichförmig functionirt, giebt man dem Dreiwegehahn die Stellung (2) und rückt das Zählwerk ein. Von Zeit zu Zeit nimmt man Capacitätsmessungen nach § 2 vor. Nach 12000 bis 25000 Stromstössen, je nach dem benutzten Potentiale, giebt man dem Dreiwegehahn wieder die Stellung (1) und rückt das Zählwerk aus. Die erhaltene Ozonmenge bestimmt man in bekannter Weise durch Titriren. Der erzielte Ozongehalt war sehr klein, nämlich weniger als 0.004 des maximalen, mit dem Apparat zu erzielenden.

§ 5. Die folgende Tabelle enthält einige der bei der Zimmertemperatur gewonnenen Ergebnisse. Q ist die durch einen Stromstoss, Ladung oder Entladung, geförderte Elektricitätsmenge in Coulomb, Q_2 der nach § 1 berechnete entsprechende Leitungsstrom in Coulomb, M die Ozonmenge in Grammen pro Stromstoss, M/Q_2 die Anzahl von Grammen Ozon pro Coulomb Leitungsstrom.

Tabelle II.

Volt	Farad · 10^{10}		Coulomb per Stromstoss · 10^7		Gramm Stromstoss	Ozon per Coulomb
V	C_0	$C_v - C_0$	Q	Q_2	$M \cdot 10^7$	M/Q_2
4850	0.418	0	2.03	0	—	—
8600	1.20	0.78	10.3	8.45	—	—
"	1.19	0.77	10.2	8.35	—	—
9200	1.25	0.83	11.5	9.6	—	—
"	1.23	0.81	11.3	9.4	2.42	0.258
"	1.25	0.83	11.5	9.6	2.63	0.274
"	1.25	0.83	11.5	9.6	2.60	0.271
"	1.24	0.82	11.4	9.5	2.41	0.254
"	1.24	0.82	11.4	9.5	2.46	0.259
9800	1.32	0.90	12.9	11.1	—	—
"	1.30	0.88	12.7	10.9	2.82	0.259
10400	1.33	0.91	13.9	11.9	3.09	0.260
11000	1.40	0.98	15.4	13.6	—	—
"	1.39	0.97	15.3	13.4	3.60	0.269
11700	1.41	0.99	16.5	14.6	3.92	0.268
12200	1.42	1.01	17.5	15.5	—	—
"	1.43	1.01	17.5	15.5	—	—
"	1.44	1.02	17.6	15.7	4.37	0.278
"	1.44	1.02	17.6	15.7	4.27	0.272
"	1.44	1.02	17.6	15.7	4.14	0.264
"	1.46	1.04	17.9	16.0	4.30	0.269
"	1.45	1.03	17.8	15.8	4.44	0.281
"	1.44	1.02	17.6	15.7	4.38	0.279
"	1.45	1.03	17.8	15.8	4.47	0.282
"	1.45	1.03	17.8	15.8	4.37	0.276

§ 6. Aus der letzten Reihe der Tabelle II ergiebt sich die wichtige Thatsache, dass die Masse des Ozons, welche man pro Coulomb Leitungsstrom in dem Siemens'schen Ozonapparat erhält, eine nahezu, wenn auch nicht genau, constante Grösse zu sein scheint, deren Betrag für den benutzten Apparat ungefähr gleich 0^{gr}27 gefunden wurde, unabhängig von der Änderung der Potentialdifferenz zwischen den Elektroden des Generators, und auch wahrscheinlich der gebrauchten Elektricitätsmenge. Es ist zwar zu bemerken, dass die Zahlen die Tendenz zeigen, ein klein wenig mit dem Potentiale zu wachsen. Der Zuwachs ist jedoch kleiner als der mögliche Versuchsfehler und rührt vielleicht von unvollkommener Isolation des Galvanometerkreises her, wodurch Q und C_v zu klein, die Ozonmenge pro Coulomb mithin zu gross erscheinen würde; der hieraus entspringende Fehler muss mit wachsendem Potentiale wachsen. Oberflächenleitung im Generator würde einen Fehler in der entgegengesetzten Richtung hervorbringen. Da beide Fehlerquellen vorhanden waren, sind weitere Versuche nothwendig, um diesen Punkt zu entscheiden.

§ 7. Da die Masse des Ozons pro Coulomb Leitungsstrom nahezu, wenn nicht ganz, von der benutzten Potentialdifferenz unabhängig ist, so folgt, dass man für einen gegebenen Energieverbrauch das meiste Ozon erhält, wenn die angelegte Potentialdifferenz nicht grösser gemacht wird als nöthig, um die leuchtende Entladung im Gase hervorzubringen; dies entspricht den bei technischen Betrieben gemachten Erfahrungen.

Ausgegeben am 19. November.

Berlin, gedruckt in der Reichsdruckerei.